RAPPORT

SUR LES

CHAMPS DE DÉMONSTRATION

BLÉ — AVOINE

PAR

A. HOUZEAU

Directeur de la Station agronomique de la Seine-Inférieure

(5e ANNÉE)

AVOINE, BLÉ, COLZA, BETTERAVES ET SUCRE

ROUEN

IMPRIMERIE DE ESPÉRANCE CAGNIARD

rue Jeanne-Darc, 88

—

1891

MEMBRES

DE LA

COMMISSION DES CHAMPS DE DÉMONSTRATION

MM. le Préfet ;
Bret, secrétaire général ;
Lesouef, député ;
Breton, député ;
Houzeau, directeur de la station agronomique, correspondant de l'Institut ;
Fortier, président du Comice agricole de l'arrondissement de Rouen ;
Burel, vice-président de la Société d'encouragement à l'agriculture de l'arrondissement du Havre ;
Saint-Requier, membre de la Chambre consultative d'agriculture de l'arrondissement d'Yvetot ;
Rasset, président du Comice agricole de l'arrondissement de Neufchâtel ;
Lacointe, président de la Société d'Agriculture de l'arrondissement de Dieppe ;
Dr Blanche, professeur départemental d'agriculture ;
Philippe, professeur départemental d'agriculture ;
Gautier, professeur départemental d'agriculture ;
Bornot, membre de la Société nationale d'encouragement à l'agriculture, propriétaire à Valmont ;
Grille, agriculteur, membre de la Société centrale d'agriculture ;
Mulot, propriétaire à Puys ;
Bailhache, cultivateur à Foucart ;
Bazangeon, directeur de l'École pratique d'agriculture d'Aumale ;
Geulin, cultivateur à Tourville-Fécamp ;
Prunier, cultivateur à Duclair ;
Lefebvre, propriétaire à Blosseville-Bonsecours ;
Lane, agriculteur au château de Franqueville ;
Supplice, à Martigny ;
Bordeaux, chef de division, secrétaire.

RAPPORT

SUR

LES CHAMPS DE DÉMONSTRATION

BLÉ ET AVOINE

MONSIEUR LE PRÉFET,

J'ai l'honneur de vous faire connaître les résultats pratiques obtenus sur les champs de démonstration de la Seine-Inférieure, pendant l'année 1889-1890.

Ils ont trait à la culture de l'avoine et du blé.

Cependant, le zèle et le dévouement de MM. les Professeurs départementaux ont donné à ces champs une plus grande extension; quelques-uns comprennent aussi la culture des betteraves à sucre, du colza et du blé, de sorte qu'en réalité, mon rapport de cette année comprend deux parties :

La première partie expose les résultats des *champs de démonstration* sur l'avoine et le blé.

La deuxième partie fait connaître les résultats des *champs d'expériences* pour la démonstration et relatifs à la culture de l'avoine, du blé, du colza et de la betterave à sucre.

PREMIÈRE PARTIE.

CHAMPS DE DÉMONSTRATION

I.

Résultats de la culture de l'avoine.

CHAMPS DE DÉMONSTRATION.

Cette année, sur les quatre champs de démonstration cultivés en avoine, deux ont donné une récolte rémunératrice, c'est-à-dire que le prix de l'engrais employé a été bien plus que couvert par l'excédent de récolte.

Les deux autres, au contraire, sont en déficit sur les champs témoins, c'est-à-dire que l'excédent de récolte des champs de démonstration n'a pas payé la dépense faite en engrais.

La principale cause de ces pertes est due à la verse qui s'est produite cette année de bonne heure et avec intensité, principalement dans les champs de démonstration, où l'avoine, sous l'influence des engrais chimiques, avait acquis un bien plus grand développement que dans les champs témoins.

Quoiqu'il en soit, voici traduit en argent et par hectare, le gain ou la perte de chaque champ de démonstration :

TABLEAU A

ÉCOLE DÉPARTEMENTALE D'AGRICULTURE

ET STATION AGRONOMIQUE DE LA SEINE-INFÉRIEURE

Siège à Rouen, route de Caen et rue des Murs-Saint-Yon

RESUMÉ DE LA RECOLTE A L'HECTARE

Toute la récolte a été battue et pesée

AVOINE DE PRINTEMPS 1890

TABLEAU COMPOSÉ PAR M. HOUZEAU

	1 ARRONDISSEMENT D'YVETOT — FOUCART — Professeur : M. Houzeau. Cultivateur : M. Bailhache				2 ARRONDISSEMENT DE NEUFCHATEL — MONTÉROLLIER — Professeur : M. Blanche. Cultivateur : M. Basset.				3 ARRONDISSEMENT DE ROUEN — DUCLAIR — Professeur : M. Philippe. Cultivateur : M. Prunier.				4 ARRONDISSEMENT DE NEUFCHATEL — ARGUEIL — Professeur : M. Blanche. Cultivateur : M. Cany.			
	CHAMP DE DÉMONSTRATION		CHAMP TÉMOIN		CHAMP DE DÉMONSTRATION		CHAMP TÉMOIN		CHAMP DE DÉMONSTRATION		CHAMP TÉMOIN		CHAMP DE DÉMONSTRATION		CHAMP TÉMOIN	
	Avoine sur 2e blé avec engrais chimiques		Avoine sur 2e blé, culture ordinaire sans engrais chimiques.		Avoine sur blé, avec engrais chimiques.		Avoine sur blé, culture ordinaire sans engrais chimiques.		Avoine sur blé avec engrais chimiques		Avoine sur blé, culture ordinaire sans engrais chimiques.		Avoine sur blé avec engrais chimiques		Avoine sur blé culture ordinaire sans engrais chimiques	
Nom de la semence	Avoine noire de Tartarie		Avoine noire de Tartarie		Avoine de Coulommiers		Avoine de Coulommiers		Avoine jaune à grappes		Avoine jaune à grappes		Avoine noire		Avoine noire	
Poids employé et son prix	215 kil.	50 fr.	215 kil.	50 fr.	120 kil.	35 fr.	120 kil.	35 fr.	200 kil.	60 fr.	200 kil.	60 fr.	125 kil.	25 fr.	125 kil.	25 fr.
Nombre d'hectolitres de grain obtenu	61 hect 4		35 hect 3		63 hect 2		47 hect 5		47 hect 3		40 hect.		37 hect.		35 hect.	
Poids de l'hectolitre	50 kil.		50 kil.		50 kil.		50 kil.		50 kil.		50 kil.		50 kil.		50 kil.	
PRODUIT TOTAL		Valeur argent		Valeur argent		Valeur argent		Valeur argent		Valeur argent		Valeur argent		Valeur argent		Valeur argent
Paille et balles à raison de 34 fr. les 1.000 k.	6.279 kil.	213 fr. 50	3.170 kil.	107 fr. 75	6.345 kil.	151 fr. 70	3.272 kil.	111 fr. 25	6.368 kil.	162 fr. 10	3.945 kil.	134 fr. 10	3.720 kil.	126 fr. 50	3.480 kil.	118 fr. 30
Grain net à raison de 18 fr. les 100 k.	3.070	552 60	1.767	318 05	3.160	568 80	2.380	429 10	2.363	425 35	1.990	358 20	1.850	333 »	1.740	313 20
Valeur totale		766 10		425 80		720 50		540 fr. 35		587 fr. 45		492 fr. 30		459 50		431 fr. 50
A diminuer les frais d'engrais, d'épandage, de récolte et divers (1)		159 70				137 60				138 40				30 25		
Produit net du Champ de Démonstration		606 40				582 90				449 fr. 05		449 05		429 fr. 25		429 25
Produit du Champ Témoin		425 80				540 35						492 30				431 50
d'où excédent en faveur du Champ, par hectare	Excédent de démonstration.	180 fr. 60			Excédent de démonstration.	42 fr. 55					Excéd. témoin	43 fr. 25			Excéd. témoin	2 fr. 25
(1) FRAIS OU DÉPENSES POUR LES ENGRAIS CHIMIQUES EMPLOYÉS	kil.	fr.			kil.	fr.							kil.			
Sulfate d'ammoniaque									130 kil.	36 fr. »			150 kil.	22 fr. »		
Nitrate de soude	265	42 50			263	51 »										
Superphosphate de chaux	200	12 50			Scories 1.050	61 70			580	57 50						
Phosphate fossile	»															
Sels de potasse	100	92 »							180	24 »						
Plâtre																
Engrais divers																
Frais de transport, d'intérêt, de mélange et divers		12 70				12 90				12 90				8 25		
(Voir les détails aux tableaux spéciaux)		159 fr. 70				137 fr. 60				138 fr. 40				30 25		
	L'avoine n'a pas versé.				L'avoine a versé.				L'avoine a versé.				L'avoine a versé.			

CONCLUSIONS

FOUCART : En dépensant 159 fr. 70 en plus sur le champ de démonstration, on a porté la recette, de 425 fr. 80 du champ témoin, à 766 fr. 10, soit un bon net de 180 fr. 60, c'est-à-dire 113 pour cent du capital avancé.

MONTÉROLLIER : En dépensant 137 fr. 60 en plus sur le champ de démonstration, on a porté la recette, de 540 fr. 35 du champ témoin, à 720 fr. 50, soit un bon net de 42 fr. 55, c'est-à-dire 32 pour cent du capital avancé.

DUCLAIR-ARGUEIL : Les champs de démonstration sont en perte sur les champs témoins. La cause paraît être due à la verse qui s'est manifestée de bonne heure et avec intensité, principalement dans le champ de démonstration.

OBSERVATIONS : L'importance des bonis et des pertes signalés dans le tableau n'est pas absolue. A la place des prix (paille et grain) indiqués par les praticiens de la Commission des champs de démonstration, prix pouvant varier suivant les époques et la région, il est toujours possible au cultivateur désirant se rendre compte de l'importance de ces bonis et pertes, de substituer à ces chiffres ceux qu'il croira mieux répondre aux exigences commerciales de sa culture et de sa situation personnelle.

1. Foucart...........	Gain	180 fr.	60
2. Montérollier.......	—	42	55
3. Duclair...........	Perte	43	25
4. Argueil...........	—	2	25

Si, de la moyenne des bonis, on déduit celle des pertes, on voit qu'il reste encore un boni moyen de 89 francs par hectare.

La moyenne des dépenses en engrais et frais supplémentaires étant de 116 francs par hectare, il résulte qu'en 1890 la culture de l'avoine dans les champs de démonstration a fourni par hectare, pour une avance de 116 francs, un excédent de récolte de 89 francs, c'est-à-dire qu'avec un capital de 116 francs on a eu par hectare un revenu de 89 francs, soit 76 % du capital avancé.

Les tableaux 1, 2, 3, 4, placés à la fin du rapport, contiennent les détails des opérations, tandis que le tableau colorié A les résume.

L'assolement de la ferme d'Envermeu ne se prêtant pas cette année à la culture d'une céréale, M. Gautier, professeur départemental, et M. Breton, agriculteur, ont cultivé à la place, la betterave à sucre, ainsi qu'on le verra plus loin.

II.

Résultats de la culture du blé.

CHAMPS DE DÉMONSTRATION.

La culture du blé comprend en tout 6 champs dont

la récolte a été pesée : 3 champs témoins et 3 champs de démonstration.

Les détails sont consignés dans le tableau B ci-joint.

La perte du champ de Tourville s'explique aisément par la dépense élevée en engrais chimiques. Un champ témoin qui sans aucune fumure produit déjà 32 hectolitres de grain, indique un sol enrichi par les fumures antérieures et qui ne réclame qu'une dose très modérée d'engrais chimiques.

Dans leur ensemble, ces résultats n'en sont pas moins satisfaisants. Ils établissent d'ailleurs que :

1° A Montérollier, en dépensant 137 francs en plus sur le champ de démonstration, on a porté la recette de 452 francs du champ témoin à 650 francs, soit un boni net de 61 francs, c'est-à-dire 44 % du capital avancé ;

2° A Quevilly, en dépensant 187 francs en plus sur le champ de démonstration, on a porté la recette de 602 francs du champ témoin à 859 francs, soit un boni net de 70 francs, c'est-à-dire 37, 5 % du capital avancé.

Mais un autre point intéressant ressort de ces expériences. C'est le résultat du champ de démonstration de Quevilly que cultive, avec tant de distinction, M. Lefebvre. Il a fourni 34 hectolitres de blé, alors que le témoin qui n'a reçu que du fumier additionné de phosphates, en a produit 24 hectolitres 1/2. Or, ces champs sont les mêmes qui ont porté depuis 1886 les diverses cultures de l'assolement.

1889-1890. — RÉSULTATS DE LA CULTURE DU BLÉ, RAPPORTÉS A L'HECTARE

Tableau B.

	ARRONDISSEMENT DE NEUFCHATEL				ARRONDISSEMENT DE ROUEN				ARRONDISSEMENT DU HAVRE			
	MONTÉROLLIER. Professeur : M. Blanche. Cultivateur : M. Basset.				QUEVILLY. Professeur : M. Houzeau. Cultivateur : M. Lefebvre.				TOURVILLE. Professeur : M. Philippe. Cultivateur : M. Geulin.			
	BLÉ DE BORDEAUX SUR TRÈFLE				BLÉ DE NOÉ SUR POMMES DE TERRE				BLÉ DE BORDEAUX SUR TRÈFLE			
	CHAMP DE DÉMONSTRATION avec engrais chimiques et fumier : 20,000 kil. sur 1 Hectare		CHAMP TÉMOIN avec fumier seul : 20,000 kil. sur 1 Hectare		CHAMP DE DÉMONSTRATION avec engrais chimiques et fumier : 20,000 kil. sur 1/2 Hectare		CHAMP TÉMOIN avec fumier seul : 20,000 kil. sur 1/2 Hectare		CHAMP DE DÉMONSTRATION avec engrais chimiques et fumier seul : 20,000 kil. sur 1 Hectare		CHAMP TÉMOIN avec fumier seul : 20,000 kil. sur 1 Hectare	
Poids et prix de la semence employée	155 kil. au semoir.	50 fr. »	145 kil.	50 fr. »	250 kil. à la volée.	30 fr. »	240 kil.	30 fr. »	[illegible] kil. à la volée.	65 fr. »	260 kil.	65 fr. »
Paille et balles, à 42 fr. les 1,000 kil.	5,460 kil.	Valeur 229 fr. 30	3,900 kil.	Valeur 163 fr. 80	4,775 kil.	Valeur 200 fr. 50	3,067 kil.	Valeur 128 fr. 72	7,240 kil.	Valeur 304 fr. 10	6,487 kil.	Valeur 272 fr. 45
Grain, à 24 fr. les 100 kil.	1755 k. = 23 h. 4 de 75 k.	421 20	1200 k. = 16 h. 0 de 75 k.	288 »	2742 k. = 34 h. 0 de 80 k. 7	658 10	1972 k. = 24 h. [illegible] de 80 k. [illegible]	473 28	3031 k. = 40 h. 0 de 76 k.	727 45	2486 k. = 32 h. 7 de 76 k. 0	596 65
Valeur totale de la récolte		650 fr. 50		451 fr. 80		858 fr. 60		602 fr. »		1031 f. 55		869 fr. 10
Sulfate d'ammoniaque, à 20,5 % Azote					200 kil.	67 »			250 kil.	83 75		
Nitrate de soude, à 15,5 % Azote	200 kil.	51 »										
Superphosphate de chaux, à 16 % d'acide phosphorique soluble									500 kil.	55 »		
Phosphate fossile, à 17 % Ph O^5 total	Scories 1,000 kil.	65 »			400 kil.	20 »						
Chlorure de potassium, à 50 % de Potasse					200 kil.	46 »			100 kil.	28 »		
Plâtre					400 kil.	12 »						
Frais divers, transport, main-d'œuvre, supplémentaire de la récolte, intérêt, etc.		21 25				42 05				33 90		
Dépense totale		137 fr. 25				187 fr. 05				200 f. 65		
CONCLUSION : Résultats économiques de la culture												
Produit net du champ de démonstration (valeur de la récolte diminuée du prix de l'engrais et des frais)		513 25				671 55				830 90		
Produit du champ témoin		451 80				602 »				869 10		
Excédent ou perte	Excédent	61 fr. 45			Excédent	69 fr. 55			Perte	38 f. 20		
	Le Blé a complètement versé au moment de la floraison dans le champ de démonstration et le champ témoin.				Le Blé n'a pas versé.				Le Blé n'a pas versé.			

Au début, c'est-à-dire en 1886-1887, le champ de démonstration avait fourni 28 hectolitres de blé, et le champ témoin, 17 hectolitres.

En 1889-1890, la fertilité des 2 champs s'est élevée, pour le champ de démonstration (avec engrais chimiques complets), à 34 hectolitres, et le champ témoin (avec fumier seul additionné de phosphates) à 21 hectolitres 1/2.

Ce qui semble répondre aux craintes de certains cultivateurs encore hésitants, et qui pensent que l'addition des engrais chimiques peut épuiser la terre.

Sous ce rapport, il y a un véritable intérêt à poursuivre ces essais, pour constater cette partie de la démonstration, qui, secondaire en apparence, est appelée en cas de succès à porter la conviction dans tous les esprits, même les plus prévenus.

DEUXIÈME PARTIE.

CHAMPS D'EXPÉRIENCES

I.

Résultats de la culture de l'avoine sur la même semence, avec des doses différentes d'engrais.

CHAMPS D'EXPÉRIENCE.

Les essais entrepris dans la ferme de M. Lane, à La Neuville-Champ-d'Oisel ont eu pour but de rechercher dans quelle mesure on pouvait abaisser la dépense en engrais complémentaires, de façon à obtenir un boni moindre, mais sans faire à la terre une trop grande avance de capital.

Pour cela, on a cultivé sur le même sol, la même variété de semence d'avoine, avec des engrais employés à doses différentes, après avoir réservé, comme point de comparaison, un champ témoin ensemencé sans engrais supplémentaires et destiné à faire connaître la fertilité initiale de la terre soumise au mode ordinaire de culture, qui réserve à l'avoine la fumure mise pour le blé.

Un autre champ n'a reçu que de l'azote sous forme de sulfate d'ammoniaque et de nitrate de soude.

Le tableau C contient les résultats obtenus.

Il ressort de ce tableau :

1° Qu'une avance faite au sol, de 53 francs en engrais complet, a produit un excédent de récolte de 13 francs par hectare, tandis qu'une avance de 82 francs de ce même engrais a élevé ce boni à 64 francs ; c'est-à-dire qu'il a suffi d'un apport de 29 francs en plus pour déterminer une plus grande production, représentée par 51 francs.

Ces résultats confirment ceux qui avaient été obtenus en 1888 sur l'avoine, à Foucart, où avec une dépense de 133 francs en engrais chimiques par hectare, l'excédent de récolte avait été de 16 francs, alors qu'avec un engrais intensif de 205 francs l'excédent de récolte avait été porté à 155 francs. Et ces résultats sont d'autant plus importants et plus précieux à signaler, que les engrais avaient été expédiés par la station à M. Lane, qui n'en connaissait pas la composition. En outre, les récoltes ont été pesées en présence d'un agent de la station.

2° Le champ à azote seul (champ n° 2) a fourni une récolte à peu près semblable à celle de l'engrais complet (champ n° 3) dans lequel l'azote avait été apporté à la même dose, lequel champ n° 3 avait reçu en outre de l'acide phosphorique et de la potasse.

Ce résultat du champ n° 2 s'explique par l'apport considérable (100 kil.) d'acide phosphorique qui avait été fait l'année précédente, dans la culture du blé, et dont une grande partie n'avait pas été utilisée par la récolte de froment.

Sans doute, le bénéfice a été plus grand, eu égard

au capital avancé, dans le champ à azote seul (n° 2), que dans le champ à engrais complet (n° 3), puisque une dépense de 44 fr. a amené un excédent de récolte de 29 fr., soit 66 °/₀ du capital avancé, alors que dans le champ à engrais complet (n° 3), l'excédent de récolte n'a produit que 24 °/₀ du capital engrais. Mais ce bénéfice de 66 °/₀ dans le champ à azote seul, est en partie illusoire, puisque la récolte a fait sortir du sol, sous forme de paille et de grain, de l'acide phosphorique et de la potasse qui ne lui ont pas été restitués. Il y a eu en réalité appauvrissement du sol en ces éléments (1). Ce n'est donc pas une pratique à recommander que d'employer un engrais azoté seul (sulfate d'ammoniaque ou nitrate de soude), d'autant plus qu'on arrive à un bénéfice plus réel par l'usage de

(1) Il est d'ailleurs possible de se rendre compte de cette valeur, d'après la composition du grain et de la paille d'avoine :

	Acide phosphorique	Potasse
1.588 kil. de grain contiennent........	8 kil. 73	6 kil. 67
2.488 kil. de paille contiennent.........	6 kil. 96	24 kil. 13
Total........	15 kil. 69	30 kil. 80

Soit en argent approximativement		
	Acide phosphorique.....	8 fr. »
	Potasse.................	13 »
	Total.......	21 fr. »

Le boni étant par hectare de.........................	29 fr. »
A deduire acide phosphorique et potasse enlevés au sol	21 »
D'où reste un boni réel de..........................	8 fr. »

au lieu de 29 fr. qu'il paraissait être.

Mais, dans le cas actuel, l'emploi seul de l'Azote n'a pas été une faute puisque antérieurement on avait pourvu largement le sol d'acide phosphorique.

Tableau C.

1890. — *La Neuville-Champ-d'Oisel*. — Cultivateur : M. Lane. — Professeur : M. Houzeau

AVOINE NOIRE DE PAYS avec TRÈFLE, sur BLÉ DE BORDEAUX, ayant reçu en 1889 : 100 kil. d'Acide phosphorique par hectare

(PHOSPHATE FOSSILE ET SUPERPHOSPHATE)

Chaque parcelle mesure 25 ares. — Epandage de l'Engrais et Ensemencement : 25 Mars 1890

RÉSULTATS RAPPORTÉS A L'HECTARE. — Semence employée : 175 kil., au semoir

	1 **CHAMP TÉMOIN**, sans engrais * Dépense totale : 18 fr.		2 **AZOTE SEUL** Dépense totale : 44 fr.		3 **ENGRAIS COMPLET** Dépense totale : 52 fr. 65		4 **ENGRAIS INTENSIF** Dépense totale : 81 fr. 70	
	Poids	Valeur	Poids	Valeur	Poids	Valeur	Poids	Valeur
Grain, à 18 fr. les 100 kil.	**1358** kil. = 27 h. 1 de 50 kil.	244 fr. 45	**1588** kil. = 31 h. 7 de 50 kil.	285 fr. 85	**1556** kil. = 31 h. 1 de 50 kil.	280 fr. 10	**1840** kil. = 36 h. 8 de 50 kil.	331 fr. 20
Paille et balles, à 34 fr. les 1,000 kil.	2112	71 80	2488	84 60	2440	82 95	3284	111 65
Valeur totale de la récolte		315 fr. 25		370 fr. 45		363 fr. 05		442 fr. 85
Sulfate d'Ammoniaque, à 20,5 % d'Azote, 36 fr. les 100 kil.			30 k. 0	10 80	30 k. 0	10 80	60 k. 0	21 60
Nitrate de Soude, à 15,5 % d'Azote, 25 fr. les 100 kil.			40 0	10 »	40 0	10 »	80 0	20 »
Superphosphate de Chaux, à 16 % Acide phosphorique soluble, 11 fr. les 100 kil.					34 0	3 75	34 0	3 75
Chlorure de Potassium, à 50 % Potasse, 24 fr. les 100 kil.					20 0	4 80	20 0	4 80
Plâtre : 3 fr. les 100 kil.	500	15 »	500 0	15 »	500 0	15 »	500 0	15 »
Frais divers, transport, main-d'œuvre supplémentaire de la récolte, etc., etc.		3 »		8 20		8 30		16 35
Dépense totale		18 fr. »		44 fr. »		52 fr. 65		81 fr. 70
CONCLUSION : RÉSULTATS ÉCONOMIQUES DE LA CULTURE :								
Produit net du Champ (valeur de la récolte, diminuée du prix de l'engrais et des frais)				326 45		310 40		361 15
Produit du Champ témoin		297 25		297 25		297 25		297 25
Excédent				29 fr. 20		13 fr. 15		63 fr. 90

L'avoine n'a versé dans aucun champ.

l'engrais intensif (champ n° 4), où avec une dépense en engrais de 82 fr., on a porté la récolte à . . . . 361 fr. »

Mais comme la même terre, sans engrais complémentaires, a fourni elle-même par le mode de culture ordinaire 297 »

il s'ensuit que l'excédent de récolte estimé à. . . . . 64 fr. »

représente 78 % du capital avancé pour l'obtenir.

Je me fais un devoir d'adresser tous mes remerciements à M. Lane, pour sa consciencieuse et loyale collaboration.

II.

Résultats de la culture du Colza.

(CHAMPS D'EXPÉRIENCE.)

M. Philippe, professeur départemental et M. Prunier, cultivateur, ont entrepris cette année la culture du colza sur la ferme de Duclair.

Le colza a été repiqué le 16 septembre sur une terre qui avait reçu pour la culture de l'avoine, en 1888, par hectare :

				Azote	Acide phosphorique	Potasse
(A)	Fumier..................	20.000 kil.	=	100 kil.	60 kil.	120 kil.
	Sulfate d'ammoniaque, à 20,5 0/0 d'azote................	150 kil.	=	31 kil.		
	Superphosphate, à 15 0/0 d'acide phosphorique soluble.......	300 kil.	=		45 kil.	
	Chlorure de potassium, à 50 0/0 de potasse..............	100 kil.	=			50 kil.
	Cendre de chaux............	500 kil.				
	Total..			131 kil.	105 kil.	170 kil.

La culture du colza a été faite sur deux champs de 1 hectare chacun. Un des champs devant servir de témoin n'a reçu ni fumier, ni engrais chimiques; tandis que dans l'autre, on a épandu par hectare, au moment du repiquage (14 septembre), le mélange suivant :

(B)	Sulfate d'ammoniaque, à 20,5 0/0 d'azote.	250 kil. =	51 kil. Azote
	Superphosphate, à 15 0/0 d'acide phosphorique soluble.................	1.000 kil. =	150 kil. Acide phosph.
	Chlorure de potassium à 50 0/0 de potasse.	100 kil. =	50 kil. Potasse.

Voici les résultats obtenus par hectare :

	Champ d'expérience avec engrais chimiques	Champ témoin sans engrais
Paille et Siliques..	4.200 kil.	3.350 kil.
Grain...........	2.470	1.960

Soit en faveur du champ d'expérience avec engrais chimiques, un excédent de récolte de :

Paille et Siliques....	850 kil.	par hectare
Grain	510	—

Cependant, si l'on donne une valeur commerciale à cet excédent de récolte, on trouve que la culture met en perte le cultivateur. La dépense a été plus grande que la recette produite par la récolte.

Est-il possible de se rendre compte de l'origine de cette perte?

Certainement. Les notes de culture toujours si consciencieusement rédigées par M. Philippe, vont nous fournir les éléments de la discussion.

Le colza a été fait sur de l'avoine, dont la récolte avait produit par hectare :

Grain........	2.994 kil.
Paille........	4.740 kil.

Or, d'après la composition connue du grain et de la paille d'avoine, cette récolte avait enlevé au sol par hectare :

	Azote	Acide phosphorique	Potasse
Grain : 2.994 kil. =	57 kil.	16 kil.	12 kil.
Paille : 4.740 kil. =	19 kil.	13 kil.	46 kil.
Total.....	76 kil.	29 kil.	58 kil.
(A) D'autre part, les éléments apportés au sol par le fumier et les engrais chimiques, en 1888, pour l'avoine étaient de	130 kil.	105 kil.	170 kil.
D'où il était resté dans le sol, après la récolte de l'avoine.....................		76 kil.	12 kil.

Combien une récolte de colza se rapprochant beaucoup de celle obtenue, renferme-t-elle de ces mêmes éléments ?

Les tables de la composition chimique de la récolte de colza nous l'indiquent.

Une récolte de :

		Azote	Acide phosphorique	Potasse
2.040 kil. de graines........ 4.800 kil. de paille et siliques	contient :	93 kil.	48 kil.	58 kil.

Ce qui veut dire, sans parler de l'azote, qu'une pareille récolte, pour être produite doit trouver dans le sol et les

	Acide phosphorique	Potasse
engrais mis à sa disposition....	48 kil.	58 kil.
Or, ces éléments demeurés dans la terre après la récolte de l'avoine étaient, comme on vient de le voir....................	76 kil.	12 kil.
Différence en trop......	28 kil.	
Différence en moins		46 kil.

C'est-à-dire que la terre, par la fumure copieuse donnée pour l'avoine, contenait après la récolte de cette dernière, assez d'acide phosphorique pour subvenir aux besoins du colza, et au contraire pas assez de potasse.

Il était donc possible, *a priori*, dans la fumure d'engrais ci-dessus (B), de réduire à 100 kil. ou 200 kil., la dose de superphosphate employée. Et le champ d'expérience au lieu d'être en perte se trouvait en bénéfice.

C'est ainsi qu'en faisant l'inventaire de son sol sous le rapport des éléments fertilisants qu'il conserve après chaque récolte, le cultivateur éclairé peut calculer approximativement d'avance la dose de ces mêmes éléments qu'il doit y ajouter sous forme d'engrais, pour subvenir aux besoins de la récolte visée, ces besoins étant d'ailleurs exprimés par la teneur en azote, acide phosphorique, potasse, etc., également connue d'avance de cette même récolte.

III.

Résultats des essais de culture avec des variétés différentes de semences et le même engrais.

(CHAMPS D'EXPÉRIENCE.)

A. — *BETTERAVES à sucre avec engrais chimique seul.*

L'existence d'une sucrerie dans la Seine-Inférieure pouvant être une source de débouchés importants pour les cultivateurs peu éloignés de cette usine ou d'une gare, j'ai eu recours à la compétence et au dévouement de M. Bailhache, pour faire, sur sa ferme, à Foucart, des essais en vue de savoir :

1° Quelle est parmi les nombreuses variétés de semence de betteraves à sucre recommandées, celle qui pour le sol et le climat de la région peut fournir le plus grand rendement de sucre par hectare ;

2° Quelle était la dose la plus convenable d'engrais à employer pour concourir à ce rendement.

Les résultats de la culture sont exposés dans le tableau ci-joint D. Les graines ont été semées sur lignes éloignées de 0m 50 avec un espace entre chaque betterave de 0m 16.

Il ressort de ce tableau (1) :

1° Que la variété qui a fourni le jus à plus haute densité et à plus grande richesse saccharine a été la variété Vilmorin améliorée, avec un rendement en sucre, par hectare, de 4,267 kil. en acceptant le cœfficient 94 pour le jus de 100 kil. de betteraves.

2° Que la variété la plus productive en racines et finalement en sucre par hectare a été la variété Fouquier d'Hérouel, avec une densité de jus plus faible.

3° Que l'engrais intensif employé comparativement avec l'Engrais complet, sur la variété Desprez, a élevé le rendement des racines par hectare de 4,574 kil.

(1) La station ayant voulu en outre se rendre compte, dans l'intérêt des cultivateurs qui vendent à la densité, si les betteraves montées perdaient de leur densité par rapport à celles qui n'étaient pas montées, a fait prélever le 30 septembre, dans les 6 champs d'expérience, un même nombre de betteraves grosses, moyennes et petites, montées et non montées, et a pris la densité des jus à 15° ainsi que la teneur en sucre. Les résultats sont consignés dans le tableau ci-dessous :

NUMÉROS des champs.	NOMS DES VARIÉTÉS.		DENSITÉ DU JUS.	SUCRE par litre de moût dosé au saccharimètre.
1	Vilmorin améliorée. (Avec engrais intensif).	non montées.	1070	150 gr. 5
		montées.....	1075	162 6
2	Fouquier d'Hérouel. (Avec engrais intensif).	non montées.	1057	148 2
		montées.....	1061	133 2
3	Olivier Lecq....... (Avec engrais intensif).	non montées.	1058	132 5
		montées.....	1061	129 0
4	Simon Legrand.... (Avec engrais intensif).	non montées.	1062	143 0
		montées.....	1063	142 5
5	Desprez........... (Engrais intensif)....	non montées.	1066	154 5
		montées.....	1057	135 0
6	Desprez........... (Engrais complet)....	non montées.	1061	145 4
		montées.....	1056	146 3

Tableau D

1890. — *Foucart*. — Cultivateur : M. Bailhache. — Professeur : M. Houzeau.

INFLUENCE DE LA VARIÉTÉ DE SEMENCE ET DE L'ENGRAIS

Culture de la Betterave à sucre sur Blé (chaque parcelle mesure 50 ares)

RÉSULTATS RAPPORTÉS A L'HECTARE : Semence employée dans chaque champ, par hectare : 10 kil.

	ENGRAIS INTENSIF PAR HECTARE		ENGRAIS COMPLET PAR HECTARE	
Nitrate de soude, à 15,5 % d'Azote. — 23 fr. 50 les 100 kil.	600 kil.	141 fr. »	400 kil.	94 fr. »
Superphosphate de chaux, à 14 % d'Acide phosphorique soluble. — 9 fr. 75 les 100 kil.	600	58 50	400	39 »
Chlorure de potassium, à 53 % de Potasse. — 23 fr. les 100 kil.	150	34 50	100	23 »
Dépense totale pour engrais, par hectare		234 fr. »		156 fr. »

EPANDAGE DE L'ENGRAIS / ENSEMENCEMENT { Variétés : *Vilmorin, Fouquier d'Hérouel, Olivier Lecq, Simon Legrand*, les 30 avril et 1er mai.
— *Desprez* (engrais complet et intensif), les 15 et 16 avril.

NOMS DES VARIÉTÉS	POIDS NET DES RACINES par hectare (décolletées et lavées)	DENSITÉ DU JUS à + 15° à l'arrachage : 20 octobre	SUCRE par litre de jus (dosé au saccharimètre)	SUCRE PAR HECTARE à raison de 94 kil. de jus pour 100 kil. de racines	SUCRE PAR HECTARE à raison de 95 kil. de jus pour 100 kil. de racines
Vilmorin améliorée (avec engrais intensif)	26.763 kil.	1075,8	169 gr. 6	4.267 kil.	4.313 kil.
Fouquier d'Hérouel —	40.850	1067,9	139 5	5.357	5.414
Olivier Lecq —	39.506	1065,2	132 2	4.909	4.962
Simon Legrand —	37.014	1071,8	139 7	4.861	4.912
Desprez —	38.188	1066,0	136 3	4.893	4.945
Desprez (avec engrais complet)	33.614	1066,9	141 7	4.477	4.525

Voici maintenant quels ont été les résultats de l'opération financière de M. Bailhache.

Les betteraves n'ont pas été vendues à la densité. Elles ont été livrées à raison de 22 fr. 50 les 1,000 kil.

Il résulte de ce prix commercial que la vente de chacune des variétés a produit les résultats suivants :

	Poids net des racines à l'hectare	Recette brute
Vilmorin améliorée........	26.768 kil.	602 fr. 28
Fouquier d'Hérouel.......	40.850	919 12
Olivier Lecq.............	39.506	888 88
Simon Legrand...........	37.014	722 81
Desprez..................	38.188	859 23

Quant à l'avantage qu'on a pu retirer de l'emploi de l'engrais intensif, sur le même engrais à dose moins élevée ainsi que l'indiquent les résultats obtenus avec la semence Desprez, il paraît douteux, si l'on tient en outre compte de la dépense supplémentaire pour frais de la récolte.

Nous admettons donc que pour arriver à un rendement économique dans la production de la betterave à sucre, il y aura lieu pour le cultivateur d'employer des doses d'engrais chimiques comprises entre celles de l'engrais complet et celle de l'engrais intensif, c'est-à-dire par hectare, dans nos terres riches en potasse :

Nitrate de soude, à 15 0/0 d'azote..............................	500 kil.
Superphosphate de chaux à 11 0/0 d'acide phosphorique soluble...	500
Chlorure de Potassium à 50 0/0 de potasse......................	100

Toutefois, lorsque la terre aura reçu du fumier de ferme, comme c'est le cas pour la culture de betterave chez M. Breton, les doses d'engrais chimiques devront être diminuées. Ainsi on ajoutera par hectare aux 30,000 kil. de fumier en visant une récolte de 40,000 kil. de racines :

Nitrate de soude à 15,5 0/0 d'azote.................	200 kil.
Superphosphate 15 0/0 d'acide phosphorique soluble.	200

L'addition, dans ce cas, d'un sel de potasse est inutile, puisque le fumier en apporte lui-même d'importantes quantités et que l'excès de potasse et par suite l'excès de fumier tend à faire baisser la densité du jus.

Si la vente avait eu lieu à la densité, conformément à l'échelle ci-jointe des densités à la sucrerie, on aurait fait les recettes suivantes :

	Rendement à l'hectare	Densité exprimée à l'usine	Prix des 1,000 kil.		Recette brute	
Variété Vilmorin améliorée.	26.768 kil.	7° 5	26 fr.	50	709 fr.	35
— Fouquier d'Hérouel.	40.850	6° 7 (1)	21	75	887	48
— Olivier Lecq	39.506	6° 5	20	75	819	62
— Simond Legrand...	37.014	7° 1	24	50	906	50
— Desprez	38.188	6° 6	21	»	801	94

(1) On remarquera qu'il existe parfois un écart assez notable entre la densité scientifique trouvée à la station et la densité exprimée à l'usine. Cela tient au mode de lecture opératoire suivi pour prendre la densité, l'instrument étant le même. A l'usine on ne note que le degré découvert sans tenir compte de la fraction de degré qui est également découverte. Ainsi un jus marquant une densité de 1067,9 ou 6,79 sera payé à la densité de 1067 ou 6,7. C'est un préjudice pour le cultivateur puisqu'en réalité il livre une densité plus forte que celle qui lui est payée. Il serait à désirer que les densimètres employés à cet usage portassent des divisions plus espacées et exprimant la fraction de dixième de gramme au lieu de n'indiquer que les grammes. Ainsi un jus d'une densité de 1060 ou 6,0 pèse 1060 gr. par litre, un jus de 1061 ou 6,1 pèse 1061 gr. A une densité de 1061,9 correspond un poids de 1061,9, toujours à 15°.

Ce serait facile sans allonger la tige du densimètre. On supprimerait les divisions de 5 et celles au-dessus de 7,5, puisqu'au dessous de 6, c'est-à-dire à 5,9, la betterave est refusée et qu'au-dessus de 7,5 l'usine le plus souvent ne tient pas compte de l'augmentation de la densité.

Tableau des densités et des prix correspondant :

Densité à 15 degrés.	Prix des 1000 Kil. de Betteraves.	Densité à 15 degrés.	Prix des 1000 Kil. de Betteraves.	Densité à 15 degrés.	Prix des 1000 Kil. de Betteraves.	Densité à 15 degrés.	Prix des 1000 Kil. de Betteraves.
6° 0	15 fr. 25	6° 4	19 fr. 25	6° 8	22 fr. 50	7° 2	25 fr. »
6° 1	16 fr. 25	6° 5	20 fr. 25	6° 9	23 fr. 75	7° 3	25 fr. 50
6° 2	17 fr. 25	6° 6	21 fr. »	7° 0	24 fr. »	7° 4	26 fr. »
6° 3	18 fr. 25	6° 7	21 fr. 75	7° 1	24 fr. 50	7° 5	26 fr. 50

Cependant dans d'autres sucreries, on procède un peu autrement. Suivant les années, on achète la betterave à raison de 17 fr. les 1,000 kil. avec une densité de 6° (1060) en payant toute densité supérieure à 6 degrés, à raison 0 fr. 60 par dixième de degré en plus.

Exemple :

Prix des 1,000 kil. de betteraves à densité 6° (1060)....	17 fr. »
Prix des 1,000 kil. de betteraves à densité 6° 7 (1067)...	
Soit : 7 × 0 fr. 60 = 4 fr. 20	4 20
D'où prix des 1,000 kil. à densité 6° 7	21 fr. 20

B. — *BETTERAVES à sucre avec fumure mixte fumier et engrais chimiques.*

(CHAMPS D'EXPÉRIENCE.)

Cultivateur : M. BRETON. — Professeur : M. GAUTIER.

Variété employée : *Betterave blanche améliorée de Vilmorin.*

Quantité de semence par hectare (au semoir) : 8 kil.

Date de l'ensemencement : 28 avril 1890.

Cette culture a été faite sur 2 hectares qui, en outre d'un parcage de moutons, avait reçu 30,000 kil. de bon fumier de ferme.

Un hectare a servi de champ témoin, c'est-à-dire sans addition complémentaire d'engrais.

Le deuxième hectare (champ d'expérience) au moment de l'ensemencement, a reçu en outre du fumier qu'il avait les fumures chimiques suivantes, par hectare (1).

200 kil. nitrate de soude, à 15,5 % d'azote, à 25 fr. 50 les 100 kil.	51 fr.	»
100 kil. chlorure de potassium, à 50,0 % potasse à 24 fr. les 100 kil.	24	»
400 kil. superphosphate, à 16 % d'acide phosphorique, à 11 fr. 50 les 100 kil.	46	»
Transport et frais d'épandage	9	80
Total de la dépense supplémentaire	130 fr.	80

(1) A Envermeu les betteraves ont progressé tardivement à cause de l'invasion des mans. Les vides ont été remplacés au fur et à mesure de leur apparition.

M. Gautier a remarqué cependant que le champ d'expérience qui avait reçu les engrais chimiques était beaucoup moins ravagé par les mans que le champ témoin qui n'avait reçu que du fumier. Cette observation confirme celle qui a été faite par M. Rasset, sur le blé.

Voici les résultats obtenus par hectare :

	Poids net des racines décolletées et lavées	
1° Champ d'expérience (fumier et engrais chimiques)	43.700 kil.	
2° Champ témoin (fumier seul)............	37.200	
Excédent en faveur du champ de démonstration..	6.500 kil.	
à 20 fr. 25 les 1,000 kil. = ...		131 fr. 62
Dépense en engrais et frais supplémentaire de la récolte.		130 80
Boni du champ de démonstration par hectare.........		0 fr. 82

Cette expérience faite par deux collaborateurs fort consciencieux, MM. Breton et Gautier, met en évidence un utile enseignement. Dans les conditions ou a eu lieu la culture, le bénéfice apporté par les engrais complémentaires a été nul. Il est facile de s'en rendre compte d'après ce que nous avons dit ci-dessus. La terre avait été fortement fumée, trop fortement fumée même, puisqu'avec 30,000 kil. de fumier, elle avait reçu un parcage de moutons. On eut pu de ce chef supprimer le chlorure de potassium et 200 kil. de superphosphate, c'est-à-dire une dépense de 47 francs qui eut fait le bénéfice.

En outre la semence Vilmorin améliorée, qui était probablement la même que celle employée à Foucart, a fourni des betteraves bien plus pauvres puisque la densité du jus, prise à la station était de 6 degrés 6 alors que celle de Foucart était de 7 degrés 5. Aussi n'a-t-elle été payée qu'à raison de 20 francs 25 les 1,000 kil., alors que celle de Foucart aurait valu 26 francs 50.

Il est vrai qu'elle a fourni par hectare 43,700 kil. de racines, alors qu'à Foucart ce rendement n'a été que 26,768 kil. Elle a donc gagné en quantité, ce qu'elle avait perdu en qualité.

En effet l'opération financière basée sur la vente à la densité aurait donné par hectare :

A Envermeu... 43.700 k. de racines à 20 fr. 25 les 1000 k. = 885 fr.
A Foucart...... 26.768 k. à raison de 26 fr. 50 les 1000 k. = 709 fr.

Mais ces résultats semblent confirmer ce que je disais des inconvénients que présentent l'emploi des engrais potassiques à trop haute dose. Il font baisser la densité du jus. Avec beaucoup de potasse la Vilmorin améliorée a donné une densité de 6°6 (1066), à Envermeu, et avec moins de potasse de 7°5 (1075), à Foucart.

IV.

Résultats des essais de culture sur des variétés différentes de semence et le même engrais.

A. — *BLÉ sur betteraves, avec le même engrais chimique.*

Voici les résultats obtenus par M. Bazangeon, le directeur distingué de l'école d'Aumale. (Tableau E.)

TABLEAU E

1890. — *Ferme de Bois-la-Ville, de l'Ecole d'Aumale.*

Cultivateur : M. BAZANGEON. — Professeur : M. HOUZEAU.

CHAMPS D'ESSAI SUR 11 ARES.

BLÉ SUR BETTERAVES

Ayant reçu par Hectare 50,000 Kil. de Fumier fait, et phosphaté, à raison de 5 Kil. par mètre cube
Influence de la variété de semence.

QUANTITÉ DE SEMENCE EMPLOYÉE PAR HECTARE : 210 KILOG.

Composition de l'Engrais employé par Hectare, sur 4 Champs de Blé :

A l'automne : Scories, à 16 % d'acide phosphorique total..... 1,000 kil.

Au printemps { Nitrate de soude, à 15 % d'azote.............. 100 kil.
Superphosphate, à 8 % d'acide phosphor. sol... 300 kil.

NOMS DES VARIÉTÉS DE BLÉ.	RÉCOLTE PAR HECTARE (GRAIN).
Blé Kissengland........................	28 hectol.
Blé rouge de Bordeaux...............	24 —
Blé rouge d'Ecosse....................	22 —
Blé de Pays..............................	17 — 6.

Le rouge de Bordeaux et le rouge d'Écosse seuls ont un peu versé.

On voit par ces différents rendements l'importance qu'il y a pour le cultivateur à savoir choisir la nature et la qualité de sa semence, puisqu'avec le même engrais il peut obtenir 17 hectolitres et demi de grain ou 28 hectolitres sur la même terre.

Il ne serait pas impossible que les divergences parfois grandes que nous observons dans les résultats de certains champs de démonstration ne fussent dues à des causes analogues.

B. — *BLÉ sur Trèfle avec le même Engrais intensif* (1).

Des essais semblables aux précédents ont été faits à la ferme de Foucart et avec le concours toujours si empressé de M. Bailhache. Seulement à l'influence de la variété de la semence, on a voulu voir jusqu'à quelle proportion on pouvait employer le maximum de l'azote salin, engrais très soluble qu'on sait toujours être d'une si grande efficacité pour développer l'assimilation de l'acide phosphorique et de la potasse, de façon à augmenter les rendements.

Malheureusement l'année n'a pas été favorable, et la verse qui s'est généralisée dans la région, même sur les blés qui n'avaient pas reçu d'engrais chimiques, n'a pas permis à l'expérience de fournir tout ce qu'on attendait. Néanmoins des conclusions utiles sont à tirer des résultats.

(1) Ces expériences de culture, ainsi que celles qui ont été faites sur la betterave à sucre, ont exigé un grand nombre de pesées. C'est avec plaisir que je signale et que je remercie M. Nay de Mezence, élève de l'Institut agronomique de Paris, pour le concours intelligent et plein de zèle qu'il nous a apporté dans l'accomplissement de ce travail long et délicat.

Tableau F

1890. — Foucart. — Cultivateur : M. BAILHACHE. — Professeur : M. HOUZEAU.

Champ d'essai sur 1/2 hectare.

BLÉ SUR TRÈFLE.

INFLUENCE DE LA VARIÉTÉ DE SEMENCE.

Quantité de semence employée par hectare : 200 kil.

Composition de l'engrais employé par hectare, sur les 8 champs de blé :

A l'automne..	Sulfate d'ammoniaque, à 20,5 % azote........	200 kil.
	Superphosphate, à 16 % acide phosphor. sol.	300
	Chlorure de potassium, à 50 % potasse.....	100
Au printemps..	Nitrate de soude, à 15,5 % azote...........	200

NOMS DES VARIÉTÉS DE BLÉ.	RÉCOLTE PAR HECTARE		
	GRAIN.	PAILLE.	BALLES.
1. Blé Dattel..........	2099 k. = 29 h. 8 de 70 k. 5 l'h.	5811 k.	576 k.
2. Blé Square Head....	2074 = 29 6 de 70 0	6108	597
3. Blé Golden Drop....	1824 = 25 7 de 71 0	5567	558
4. Blé Browick........	1796 = 25 6 de 70 0	6311	734
5. Blé rouge de Pays...	1732 = 24 4 de 71 0	5500	437
6. Blé Bergues roux...	1696 = 23 9 de 71 0	5514	527
7. Blé Chubb..........	1692 = 23 8 de 71 0	5121	620
8. Blé Chiddam........	1598 = 22 5 de 71 0	6993	595

Toutes les variétés ont complètement versé vers le 30 juin. Le square Head cependant a résisté un peu plus longtemps que les autres à la verse.

De même qu'à Aumale, on trouve à Foucart, où la terre est de meilleure qualité, qu'on peut, suivant la variété de semence cultivée, obtenir 22 hectolitres et demi de grain ou 30 hectolitres. Différence, 7 hectolitres et demi ou 5 quintaux. A 22 francs le quintal c'est une recette brute de 110 francs par hectare, en plus ou moins suivant la variété de blé employé.

Mais tandis qu'à Aumale, pour obtenir 28 hectolitres, on a employé seulement 15 kilos d'azote, à Foucart il a été dépensé 81 kil. d'azote. Dans le premier cas, l'azote est devenu rémunérateur, tandis qu'il a mis en perte dans le deuxième cas (1).

Il est vrai qu'à Foucart, on visait une récolte de plus de 50 hectolitres. Tandis qu'à Aumale on se contentait d'une récolte ordinaire.

Est-ce à dire pour cela que les espérances étaient déraisonnables à Foucart? Pas le moins du monde. M. Bailhache est un cultivateur très expérimenté et qui sait ce qu'il peut demander à sa terre. D'ailleurs il avait obtenu 46 hectolitres de blé en 1886-1887 avec une avance de 60 kil. d'azote et alors que le champ témoin avait produit 39 hectolitres, soit 7 hectolitres de moins. Avec de la foi et surtout 80 kil. d'azote, il était logique de chercher à obtenir 50 à 55 hectolitres par hectare. On les eut peut être obtenus si l'année avait été favorable.

(1) A la vérité ces 15 kilos d'azote ont produit les résultats signalés parce que la terre d'Aumale avait reçu antérieurement pour la betterave 50,000 kilos de fumier phosphaté et que le blé a pu bénéficier de l'azote et des autres principes fertilisants laissés dans la terre après la récolte des betteraves.

Sans doute on n'avait mis que 48 kil. d'acide phosphorique soluble, alors que théoriquement il en aurait fallu 55 kil. Mais les essais culturaux, sur l'analyse du sol par de petites parcelles de culture, avaient montré que la terre en était suffisamment pourvue pour suffire aux besoins exceptionnels d'une année.

On aurait donc augmenté la dépense des 7 kil. d'acide phosphorique valant 4 fr. que les résultats eussent été les mêmes.

Ces expériences de culture à gros apport d'azote, c'est-à-dire à grande dépense, comportent un enseignement pratique que les cultivateurs ne devront pas oublier. Ils peuvent, ils doivent viser dans les bonnes terres un rendement de 40 hectolitres; mais en y mettant à l'automne, au moment des labours, 40 à 45 kil. d'acide phosphorique représenté par 300 kil. de superphosphate à 15 °/₀ d'acide soluble, ou 600 à 800 kil. de phosphate fossile ou de scories en poudre très fine et titrant 15 °/₀ d'acide phosphorique total. Ces quantités sont nécessaires pour subvenir aux besoins de la récolte visée. Au cas où ils n'obtiendraient que 30 hectolitres, les 10 ou 15 kil. d'acide phosphorique non utilisés ne seraient pas perdus. La culture suivante les retrouverait.

Il n'en est pas de même de l'azote soluble, surtout de l'azote nitrique. C'est toujours courir un risque que d'en mettre des quantités exagérées, comme 50 à 60 kil. par hectare, car si l'année n'est pas favorable, le produit utile qu'on en espérait ne se réalise pas, et la partie de nitrate qui reste dans la terre, loin de servir comme les phosphates aux récoltes suivantes, est le plus souvent entraînée par les pluies d'automne dans les profondeurs du sol, où elle cesse d'être à la portée des plantes. On la retrouve presque toujours dans les eaux de drainage. Dernièrement, M. Dehérain, le savant agronome, a pu évaluer à 72 kil. par hectare, et pendant le seul mois d'octobre, cette perte d'azote subie par l'une des terres de Grignon. Elle représente un poids de 450 kil. de nitrate de soude, d'une valeur d'environ 100 fr.

Ce passage de l'azote nitrique dans les eaux de drainage, variable suivant les terres et les années, explique les quantités fort importantes de nitrate de soude que les cultivateurs sont obligés d'employer dans certaines cultures intensives. Aussi, M. Dehérain qui a approfondi le sujet avec sa compétence ordinaire, propose-t-il un moyen pratique, dont les intéressés pourront faire leur profit, afin de retenir dans la couche supérieure du sol ces importantes proportions de nitrate, non utilisées. Il consiste à faire suivre, immédiatement après la moisson, une culture *dérobée* à végétation rapide : moutarde, navette, colza et vesce (le plus souvent un mélange de colza et de vesce, c'est-à-dire d'une crucifère et d'une légumeuse), et qu'on enfouit ensuite. L'azote nitrique très soluble s'est converti en azote fixe qui devient une excellente fumure organique, pour la sole qui suit la récolte. C'est l'application ingénieuse de cette vieille pratique : l'*enfouissement en vert*.

Les chiffres fournis par M. Dehérain, à l'appui de sa thèse, sont très instructifs :

Azote nitrique contenu dans les eaux de drainage de la terre d'un hectare, de mars à novembre 1890 :

Wardrecques (Pas-de-Calais)	152 kil.
Blaringhem (Nord)	118
Marmilhat (Puy-de-Dôme, Limagne)	62
Palbost id. id.	45

Azote nitrique contenu dans les eaux de drainage de la terre d'un hectare, en une semaine (du 1er au 7 novembre 1890) :

Terres nues	après betteraves récoltées en octobre	7 kil.	5
	après maïs récolté en août	14	5
	après chanvre récolté en août	10	5
Terres portant des cultures dérobées	après avoine — culture de colza	0	37
	après pois — culture de navette	0	51

Mais au lieu de se préoccuper d'avoir à retenir l'azote nitrique, il est prudent, dans la culture ordinaire, de n'employer tout d'abord, pour compléter la fumure d'hiver, quand il s'agit du blé, que des doses modérées de nitrate de soude, épandu en couverture au printemps. L'argent économisé est souvent le premier gagné. Une trop forte avance en engrais, nous l'avons vu à Foucart, fait courir des risques au capital que cette avance représente. Bien que pendant cinq années consécutives, nous avons visé, avec M. Baillache, une récolte de 40 hectolitres de blé, en employant les quantités nécessaires d'acide phosphorique, d'azote, etc., pour cette récolte, nous ne l'avons réalisée qu'une seule fois. Une année, le rendement a été compromis par les mans ; une autre année, il l'a été par des pluies persistantes, etc.

Bref, pour un motif ou pour un autre, nous n'avons obtenu qu'une fois le rendement espéré, tout en faisant chaque année les frais nécessaires pour les 40 hectolitres.

Le facteur météorologique et l'intervention des insectes jouent un rôle trop prépondérant dans la production des récoltes, pour qu'il n'y ait pas à se préoccuper grandement au point de vue du revenu possible du capital avancé, de l'influence de ces facteurs. Aussi recommandons-nous aux praticiens de se montrer assez prodigues dans la distribution des phosphates dont leur sol est généralement pauvre et très économes dans l'emploi de l'engrais azoté soluble (nitrate de soude, sulfate d'ammoniaque, dont le prix est presque quadruple de celui du phosphate soluble.

En enfouissant à l'automne 40 à 45 kil. d'acide phosphorique sous forme de 300 kil. de superphosphate, à 15 °/₀ d'acide phosphorique soluble, ou de 600 kil. à 800 kil. de phosphate fossile ou de scories en poudre fine, de même richesse en acide phosphorique total, ils assureront par cet *engrais de fonds*, avec le concours d'un épandage en couverture au printemps, de 100 kil. ou 150 kil. de chlorure de potassium, à 50 °/₀ de potasse et d'un mélange de 200 kil. de nitrate de soude et de 50 kil. de sulfate d'ammoniaque, *engrais de surface*, les éléments d'une récolte de blé de 40 hectolitres, si l'année est favorable.

Dans le cas le plus général chez nous, où l'emblavure du blé aurait reçu en automne 20,000 kil. de bon fumier, les engrais chimiques ci-dessus pourraient être réduits environ de moitié, c'est-à-dire que la dépense supplémentaire en ces engrais serait d'environ 60 fr. par hectare.

A mon avis, si, dans la généralité des cas, le praticien doit viser sûrement une augmentation de rendement en confiant à la terre les doses nécessaires d'engrais (azote, acide phosphorique, potasse, etc.), il faut pour l'obtenir, le plus souvent avec économie, que la saison se montre favorable ; ce que j'essaierai de traduire ainsi : *Le cultivateur instruit prépare les grandes récoltes mais c'est le soleil qui les fait.*

En terminant, je me fais un devoir de vous signaler, Monsieur le Préfet, la coopération active de MM. Rasset, Bailhache, Breton, Bazangeon, Geulin, Lane, Lefebvre et Prunier, à l'œuvre des champs de démonstration. Leur concours nous a été des plus utiles. Au nom des professeurs de l'école départementale, je leur exprime mes remercîments.

Veuillez agréer, Monsieur le Préfet, l'assurance de mon respect.

Le Directeur de la station agronomique,
membre correspondant de l'Institut,

A. HOUZEAU.

Rouen, le 26 janvier 1891.

Post-scriptum. — Je joins à titre d'annexes pour être consultés à l'occasion, et afin que chaque auteur conserve la responsabilité de son œuvre, les tableaux complets qui contiennent les détails des champs de démonstration de chaque arrondissement, et tels qu'ils ont été remplis par MM. les professeurs départementaux.

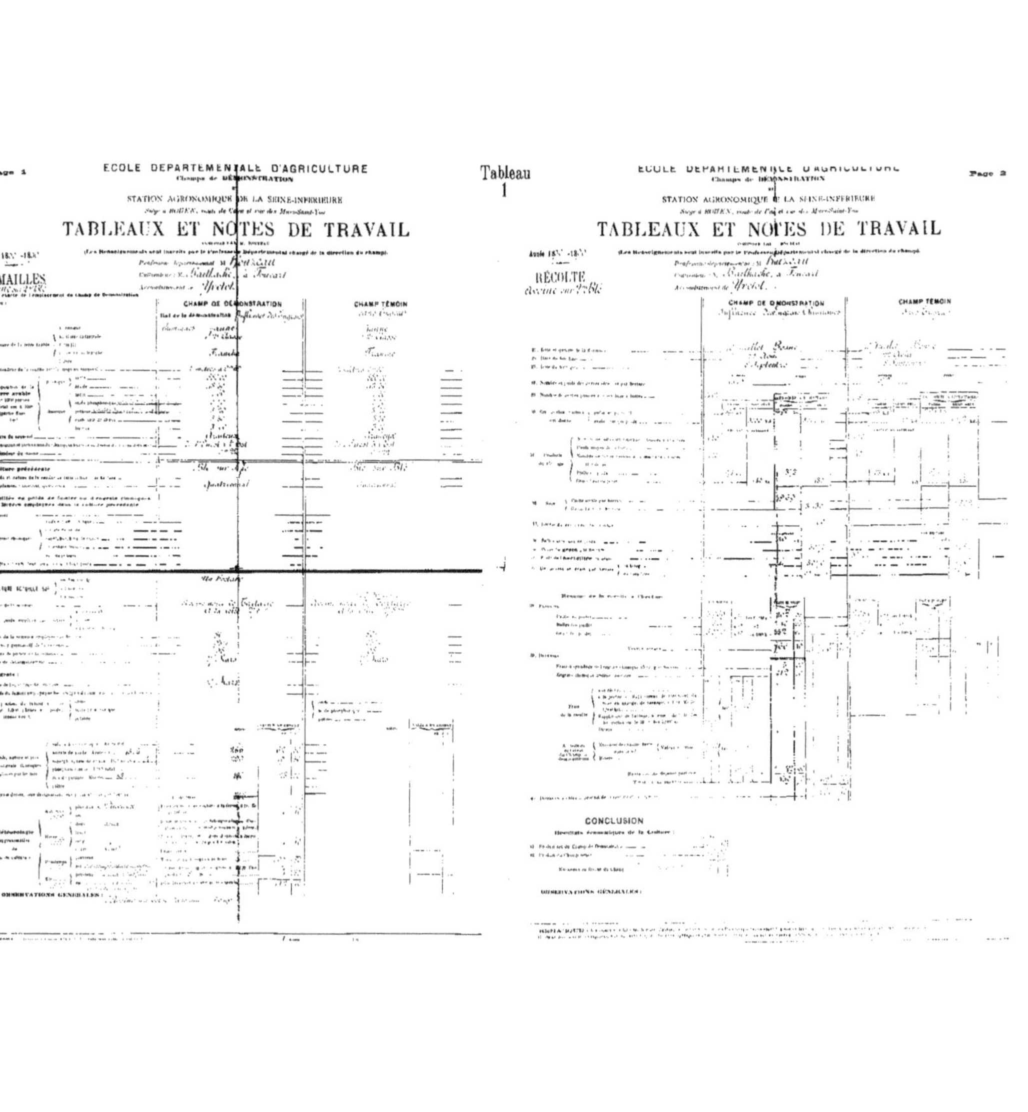

Page 1

ECOLE DEPARTEMENTALE D'AGRICULTURE
Champs de DÉMONSTRATION
et
STATION AGRONOMIQUE DE LA SEINE-INFERIEURE

TABLEAUX ET NOTES DE TRAVAIL

SEMAILLES

CHAMP DE DÉMONSTRATION

CHAMP TÉMOIN

Culture précédente

OBSERVATIONS GÉNÉRALES :

Tableau 1

Page 2

ECOLE DEPARTEMENTALE D'AGRICULTURE
Champs de DÉMONSTRATION
et
STATION AGRONOMIQUE DE LA SEINE-INFERIEURE

TABLEAUX ET NOTES DE TRAVAIL

RÉCOLTE

CHAMP DE DÉMONSTRATION

CHAMP TÉMOIN

CONCLUSION

Résultats économiques de la Culture :

OBSERVATIONS GÉNÉRALES :

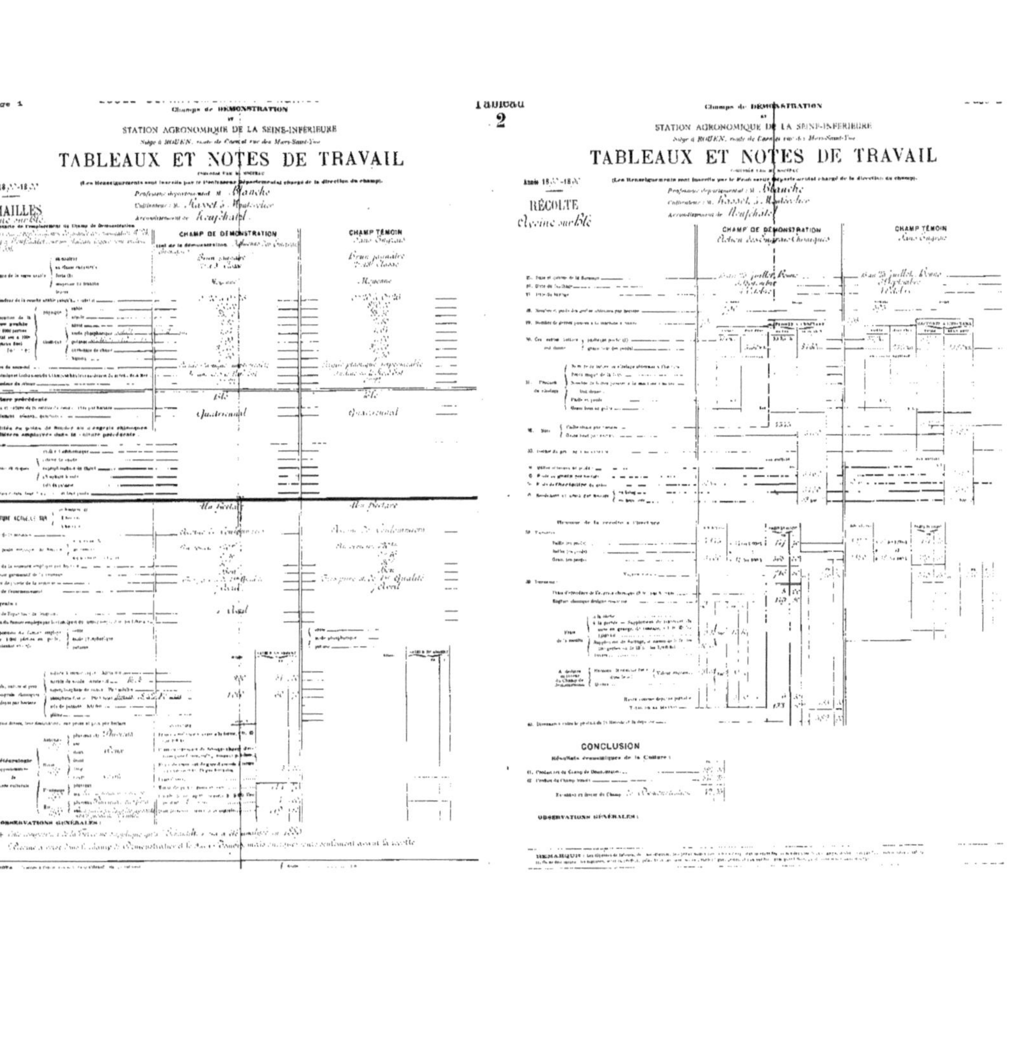

Page 1

Champs de DÉMONSTRATION

et

STATION AGRONOMIQUE DE LA SEINE-INFÉRIEURE

Siège à ROUEN

TABLEAUX ET NOTES DE TRAVAIL

Professeur départemental : M. Blanche

Cultivateur : M. Hasset à Montérolier

Arrondissement de Neufchâtel

SEMAILLES

CHAMP DE DÉMONSTRATION

CHAMP TÉMOIN

Blé

Quadriennal

Un hectare

OBSERVATIONS GÉNÉRALES :

NOTA

Tableau 2

Champs de DÉMONSTRATION

et

STATION AGRONOMIQUE DE LA SEINE-INFÉRIEURE

Siège à ROUEN

TABLEAUX ET NOTES DE TRAVAIL

Année 18..-18..

RÉCOLTE

Avoine sur blé

Professeur départemental : M. Blanche

Cultivateur : M. Hasset à Montérolier

Arrondissement de Neufchâtel

CHAMP DE DÉMONSTRATION

Action des Engrais Chimiques

CHAMP TÉMOIN

Sans Engrais

CONCLUSION

Résultats économiques de la Culture :

OBSERVATIONS GÉNÉRALES :

REMARQUE :

Tableau 3

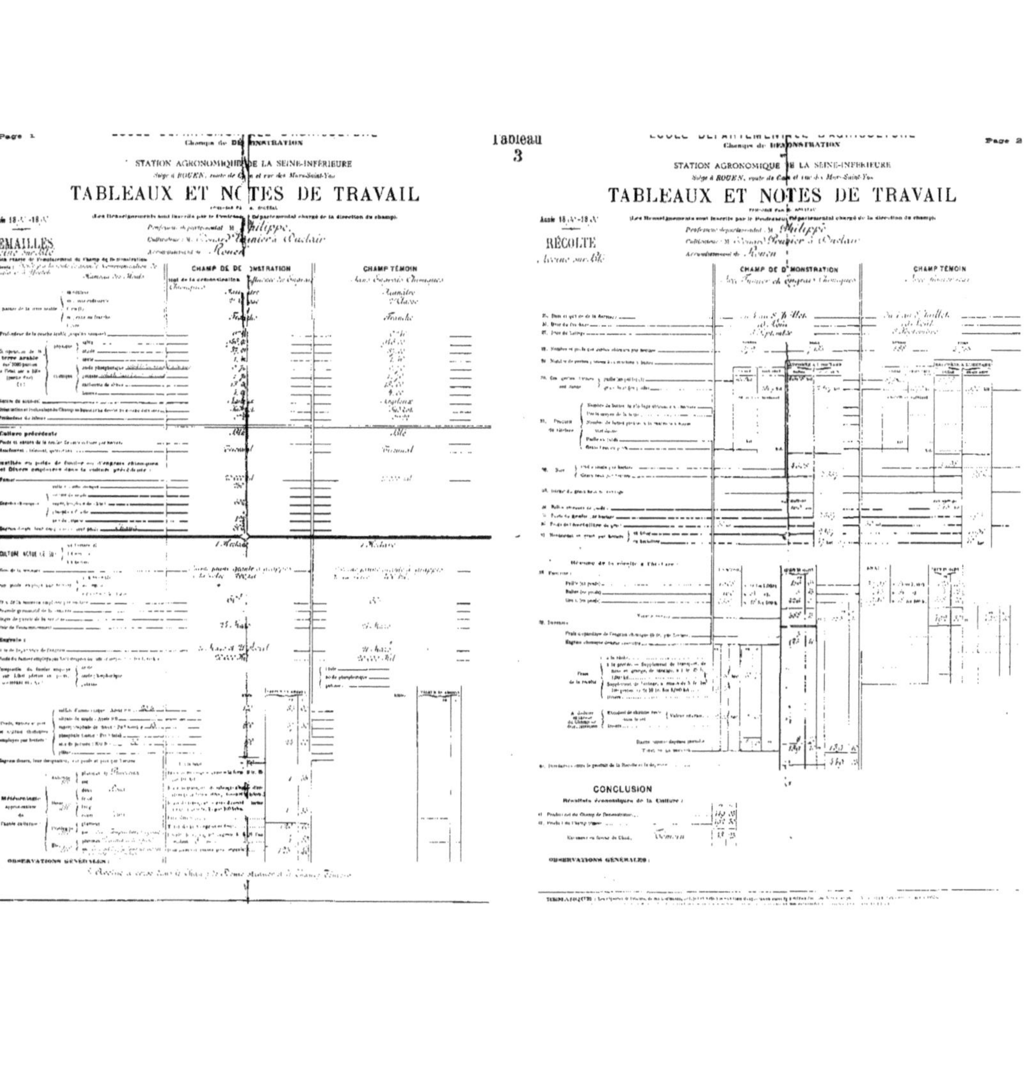

Page 1

Champs de DÉMONSTRATION

STATION AGRONOMIQUE DE LA SEINE-INFÉRIEURE

Siège à ROUEN, route de Caen et rue des Murs-Saint-Yon

TABLEAUX ET NOTES DE TRAVAIL

(Les Renseignements sont inscrits par le Professeur départemental chargé de la direction du champ)

Année 18..-18..

SEMAILLES

Professeur départemental : M. Philippe

Cultivateur : M. ...

Arrondissement de Rouen

	CHAMP DE DÉMONSTRATION	CHAMP TÉMOIN
Culture précédente	Blé	Blé
Assolement	Triennal	Triennal

OBSERVATIONS GÉNÉRALES :

Page 2

Champs de DÉMONSTRATION

STATION AGRONOMIQUE DE LA SEINE-INFÉRIEURE

Siège à ROUEN, route de Caen et rue des Murs-Saint-Yon

TABLEAUX ET NOTES DE TRAVAIL

(Les Renseignements sont inscrits par le Professeur départemental chargé de la direction du champ)

Année 18..-18..

RÉCOLTE

Avoine sur Blé

Professeur départemental : M. Philippe

Arrondissement de Rouen

	CHAMP DE DÉMONSTRATION	CHAMP TÉMOIN
	Avec Fumier et Engrais chimiques	Sans Engrais

Résumé de la récolte à l'hectare

CONCLUSION

Résultats économiques de la Culture :

OBSERVATIONS GÉNÉRALES :

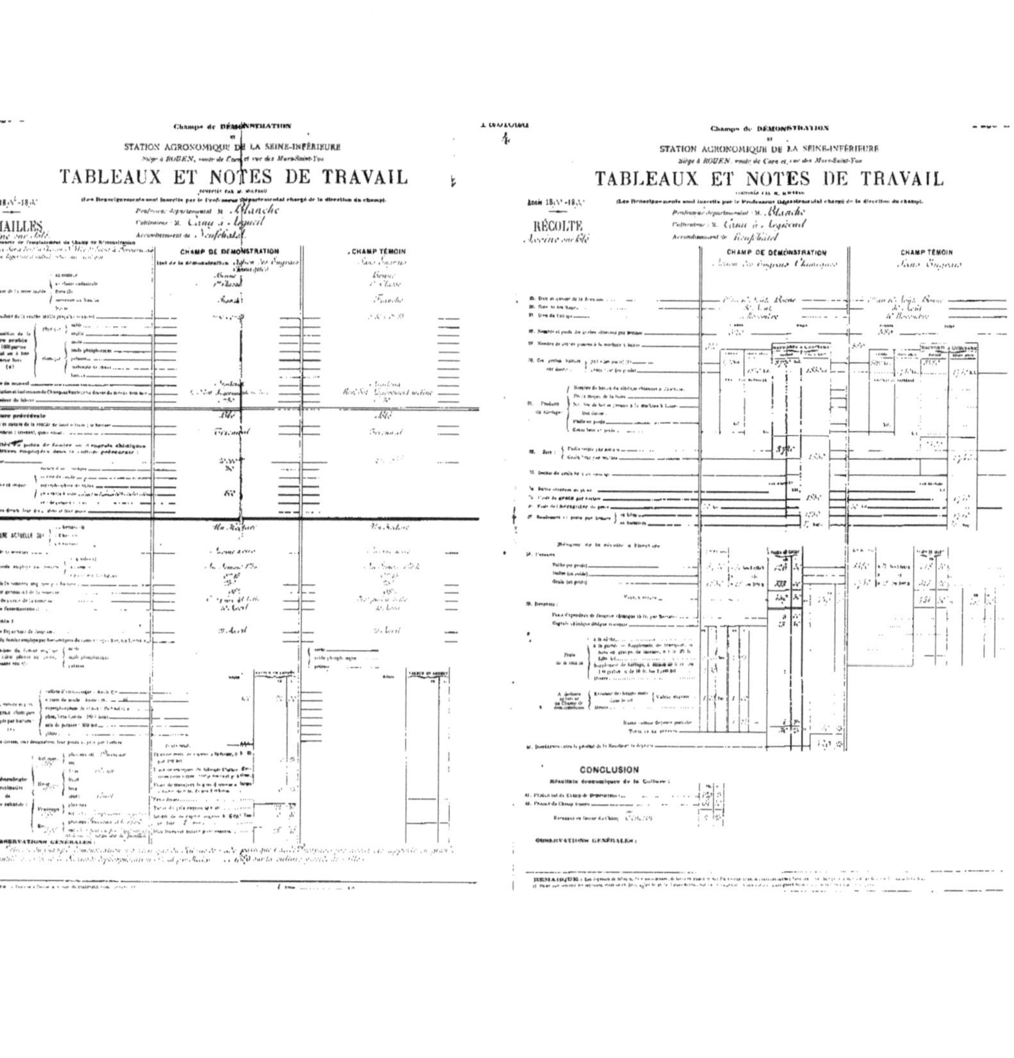

Champs de DÉMONSTRATION
et
STATION AGRONOMIQUE DE LA SEINE-INFÉRIEURE
Siège à ROUEN, route de Caen et rue des Murs-Saint-Yon

TABLEAUX ET NOTES DE TRAVAIL

(Les Renseignements sont inscrits par le Professeur départemental chargé de la direction du champ).

Année 18[illegible]-18[illegible]

SEMAILLES
Avoine sur blé

Professeur départemental : M. Blanche
Cultivateur : M. Caux à Argueil
Arrondissement de Neufchâtel

	CHAMP DE DÉMONSTRATION	CHAMP TÉMOIN
Nature de la terre arable	Brune, 1re classe, franche	Brune, 1re classe, franche
Culture précédente	Blé	Blé
CULTURE ACTUELLE	Avoine	Avoine

OBSERVATIONS GÉNÉRALES :

4

Champs de DÉMONSTRATION
et
STATION AGRONOMIQUE DE LA SEINE-INFÉRIEURE
Siège à ROUEN, route de Caen et rue des Murs-Saint-Yon

TABLEAUX ET NOTES DE TRAVAIL

(Les Renseignements sont inscrits par le Professeur départemental chargé de la direction du champ).

Année 18[illegible]-18[illegible]

RÉCOLTE
Avoine sur blé

Professeur départemental : M. Blanche
Cultivateur : M. Caux à Argueil
Arrondissement de Neufchâtel

	CHAMP DE DÉMONSTRATION	CHAMP TÉMOIN
	Action des Engrais Chimiques	Sans Engrais

CONCLUSION

Résultats économiques de la Culture :

OBSERVATIONS GÉNÉRALES :

REMARQUE :

www.ingramcontent.com/pod-product-compliance
Lightning Source LLC
LaVergne TN
LVHW010007230826
846092LV00002B/684

* 9 7 8 2 3 2 9 6 7 0 1 2 6 *